Como produzir conservas que não estragam

LAURÍ MAYER

DEDICATÓRIA

Este livro é dedicado a todas as pessoas (homens e mulheres) que, ao longo do tempo, dedicaram seu esforço e seu conhecimento para desenvolver e aprimorar a arte de produzir conservas vegetais, incluindo o inventor francês Nicolas Appert (1749-1841), considerado o Pai das Conservas.

CONTEÚDO

APRESENTAÇÃO

Este livro foi preparado com o objetivo de auxiliar as pessoas à produzirem suas conservas vegetais com qualidade e da forma correta, garantindo que o produto final não sofra qualquer tipo de alteração (não estrague).

A produção de frutas e hortaliças em conserva não é algo difícil de se fazer, mas percebe-se que muitas pessoas desconhecem os procedimentos corretos durante sua elaboração, fazendo com que muitos produtos acabem estragando dentro da embalagem alguns dias após a sua fabricação.

Neste livro, utilizando fotos e linguagem acessível, são apresentados os procedimentos corretos a serem feitos na elaboração destes produtos, sempre acompanhado de fotos técnicas. Para cada etapa da produção, serão detalhados os procedimentos adequados e os cuidados necessários, para que o produto final não tenha qualquer tipo de problema. São mostrados os procedimentos para quem irá utilizar equipamentos como balança, termômetro, refratômetro, etc., e também são mostrados quais os procedimentos adequados para produzir estes produtos com qualidade e segurança sem o uso de qualquer tipo de equipamento.

O público alvo deste livro são as pessoas em geral, que não possuem conhecimento técnico na área, mas que gostariam de produzir conservas vegetais de alta qualidade, seja para consumo próprio, seja para comercialização. Estudantes e profissionais da área de Ciência e Tecnologia de Alimentos também encontrarão neste livro subsídios técnicos importantes sobre o tema.

1 INTRODUÇÃO À PRODUÇÃO DE CONSERVAS VEGETAIS

Frutas e hortaliças frescas (salvo algumas exceções), são alimentos muitos perecíveis. Assim, para seu consumo *in natura*, o prazo de validade é bastante limitado. Para estes alimentos frescos o armazenamento sob refrigeração é o método de conservação mais empregado.

Neste sentido, a fabricação de frutas e hortaliças em conserva surgiu no passado como uma excelente forma de aumentar o tempo de disponibilidade destes produtos, pois sua fabricação é relativamente simples e os produtos podem ser armazenados à temperatura ambiente, tendo como prazo de validade vários meses ou até mesmo acima de 1 ano.

O processo de fabricação não difere muito entre frutas e hortaliças, mas é claro que cada vegetal terá suas particularidades. Em ambos utiliza-se um líquido de cobertura, que nas frutas é uma calda (solução aquosa de açúcar) e nas hortaliças é uma salmoura (mistura de água, vinagre, sal e, opcionalmente, outros ingredientes).

Para estes produtos, as embalagens de vidro são as mais utilizadas, seguido das embalagens de metal (lata), usadas principalmente para frutas em calda (na indústria de alimentos). As embalagens de vidro são vantajosas para a produção artesanal e em pequena escala, pois o enchimento e o fechamento da tampa podem ser feitos manualmente, dispensando equipamentos.

1

A arte de produzir conservas vegetais vem desde a antiguidade, e muito do conhecimento prático é passado de geração em geração. No Brasil tem-se uma grande diversidade de frutas e hortaliças, e consequentemente tem-se também uma enorme diversidade de frutas e hortaliças em conserva, produzidos por indústrias de alimentos e também de forma caseira (artesanal).

Estes produtos possuem uma definição técnica em legislação, especificamente pela Resolução RDC ANVISA Nº 352/2002, que define assim estes produtos:

Hortaliça em Conserva: é o produto preparado com tubérculos, raízes, rizomas, bulbos, talos, brotos, folhas, inflorescências, pecíolos, frutos, sementes e cogumelos cultivados, cujas partes comestíveis são envasadas praticamente cruas, reidratadas ou pré-cozidas, imersas ou não em líquido de cobertura apropriado, submetidas a processamento tecnológico antes ou depois de fechadas hermeticamente nos recipientes utilizados a fim de evitar sua alteração.

Fruta em Conserva: é o produto preparado com frutas frescas, congeladas ou previamente conservadas, inteiras ou em pedaços ou em forma de polpa, envasadas praticamente cruas ou pré-cozidas, imersas ou não em líquido de cobertura adequado, podendo conter opcionalmente outros ingredientes comestíveis e, finalmente, submetidas a adequado tratamento antes ou depois de fechadas hermeticamente nos recipientes para isso destinados, a fim de assegurar sua conservação.

Esta legislação traz ainda definições e categorias mais específicas destes produtos, mas não é o objetivo deste livro detalhar estes conceitos técnicos. Observação: está excluído deste regulamento o produto palmito (que apresenta Regulamento Técnico específico) em conserva e as frutas e hortaliças minimamente processadas.

As hortaliças em conserva também são chamadas de picles, enquanto que as frutas em calda muitas vezes também são chamadas de compotas. No Brasil, a fruta em calda mais produzida é o pêssego em calda, seguido pelo abacaxi. Já a hortaliça em conserva mais produzida é o pepino em conserva. São produtos muito apreciados pelos brasileiros.

 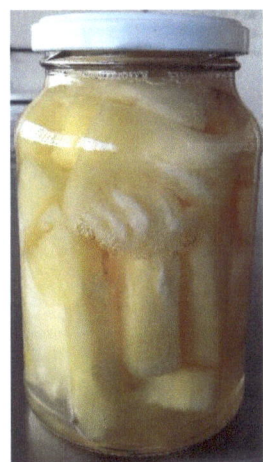

Escolha das matérias-primas

Para produzir um alimento de qualidade é preciso, antes de mais nada, partir de matérias-primas de qualidade. Com matérias-primas e demais ingredientes de qualidade, é possível obter um ótimo produto final, desde que o processamento também seja adequado. Entretanto, partindo de matérias-primas de baixa qualidade, não é possível obter bons produtos, por melhor que seja o processamento.

Higiene

Além de utilizar matérias-prima de qualidade, também é muito importante os cuidados relacionados à limpeza e higiene de todo o processamento. É um assunto amplo, que engloba a higiene pessoal dos manipuladores (pessoas envolvidas no processamento), limpeza e organização do local de processamento, limpeza dos equipamentos e utensílios, etc.

Embalagens

Para frutas e hortaliças em conserva utilizam-se basicamente embalagens de vidro com tampa metálica. O tamanho mais usado possui 600mL de capacidade (foto abaixo). Em menor quantidade, outros tamanhos de embalagens também são utilizadas.

Enchimento das embalagens

Este procedimento é feito de forma manual. Deve-se ter o cuidado de não encher demais a embalagem, não colocando produto até a altura da tampa, é preciso deixar um espaço de cerca de 2cm.

Adição do líquido de cobertura

Após acondicionar o produto na embalagem e adicionar outros condimentos no caso das hortaliças em conserva (como grãos de pimenta, grãos de mostarda, etc.), é hora de adicionar o líquido de cobertura (calda no caso de frutas em calda, e salmoura no caso das hortaliças em conserva).

Via de regra o líquido de cobertura é colocado à temperatura ambiente, não há necessidade de qualquer aquecimento prévio, assim como não há necessidade de ferver as embalagens antes do enchimento, visto que o tratamento térmico será feito posteriormente.

Adiciona-se o líquido de cobertura até cobrir todo o produto, mas tomando o cuidado de deixar o nível deste líquido a aproximadamente 1,5 a 2cm da altura máxima do vidro, pois após o fechamento da tampa, é preciso ficar um espaço vazio abaixo da tampa, para que o tratamento térmico possa ser realizado de forma adequada. Portanto, nada de encher o vidro com produto e/ou líquido de cobertura até o limite máximo da embalagem. Este é o primeiro cuidado essencial para que o produto não estrague depois.

Em seguida, será explicado como se faz e como se calcula a quantidade de cada ingrediente no preparo das de caldas e salmouras.

2 CALDAS E SALMOURAS

Diversos derivados de frutas e hortaliças possuem líquidos de cobertura na sua composição, que no caso das frutas é chamado de calda (ou xarope) e nas hortaliças comumente é chamado de salmoura.

A composição destes líquidos de cobertura pode variar bastante, mas sua composição básica é a seguinte: Nas caldas, os ingredientes essenciais são a água e o açúcar (geralmente sacarose), enquanto que na salmouras, estes ingredientes são a água, o vinagre e o sal.

Na preparação destes líquidos de cobertura, é muito importante calcular corretamente os ingredientes da formulação, para que não haja erros na preparação da formulação. Às vezes basta um simples erro de cálculo no preparo da formulação para comprometer a qualidade de toda a produção. Isso aplica-se, inclusive, a qualquer tipo de alimento que está sendo produzido.

O primeiro cuidado é com relação às unidades de grandeza utilizados, não confundindo, por exemplo, mL (mililitro) com L (litro) ou g (grama) com Kg (quilograma). O mesmo cuidado vale para transformar g em Kg e transformar mL em L.

1L = 1000mL (para converter mL em L divide-se o valor por 1000; para converter L em mL multiplica-se o valor por 1000).

Ex. 450mL equivale a quantos L? 450/1000 = 0,45L

1Kg = 1000g (para converter g em Kg divide-se o valor por 1000; para converter Kg em g multiplica-se o valor por 1000).

Ex. 680g equivale a quantos Kg? 680/1000 = 0,68Kg

No cálculo de formulações, é muito comum a proporção dos ingredientes serem dadas em porcentagem (%) ou em uma das seguintes proporções: g/Kg, mL/Kg, g/L, mL/L.

Conversões: 1% = 10g/L (ex. uma salmoura com 3% de sal é igual a 30g/L).

Observação: o uso da unidade de massa (g ou Kg) ou unidade de volume (mL ou L) vai depender basicamente se o ingrediente ou produto for líquido ou sólido. Para sólidos, emprega-se a unidade de massa, enquanto que para líquidos o mais comum é trabalhar com volume, apesar de que também é possível trabalhar com líquidos medidos em massa, mas isso não é muito comum.

3 PREPARO DE CALDAS

A calda (ou xarope) é composta por 2 ingredientes: água e açúcar. A quantidade de açúcar na calda pode variar bastante, e vai depender basicamente do grau de doçura que se deseja no produto final. Em média, a concentração varia de 20 a 30%.

Antes de calcular a quantidade de açúcar necessária, determine o volume de calda que irá utilizar. Para as embalagens tamanho padrão mostradas acima, é necessário de 250 a 300mL em média, para cada embalagem. Isso significa que com 1L de calda dá pra fazer de 3 a 4 embalagens deste tamanho.

Como preparar a calda sem balança?

Ter uma balança à disposição facilita o processo, mas é perfeitamente possível fazer isso sem balança. Tudo o que se precisa ter é uma jarra graduada (foto abaixo) e um copo de medidas, muito utilizado na culinária, onde normalmente tem a indicação de quantidade de açúcar em gramas.

Suponhamos que você queira preparar uma calda com 30% de açúcar, que é uma medida de doçura muitas vezes usada. Então, para cada 1L de calda, serão usados 300g de açúcar. E para 2L serão necessários 600g, e assim por diante.

Mas atenção: Não é 300g de açúcar + 1L de água, pois se fizer isso o volume final será superior à 1L.

Forma correta de fazer: colocar na jarra graduada os 300g de açúcar e então completar até o volume de 1L. Ficou claro a diferença? Para outros volumes de calda, só fazer o cálculo proporcional.

Definido o grau de doçura da calda (% de açúcar) e o volume da calda necessário, basta pegar a quantidade calculada de açúcar e completar com água até o volume de calda proposto. Depois basta misturar até dissolver o açúcar e a calda está pronta para ser adicionada ao produto.

Como preparar a calda usando balança e refratômetro

Neste caso, a balança facilitará pegar o peso correto do açúcar que será utilizado. E o refratômetro é um aparelho que irá medir a % de açúcar na calda, para se certificar que o preparo foi feito com as quantidades adequadas.

Com relação ao uso da balança, vou colocar algumas observações: Primeiramente, se certificar se a balança mostra o peso em gramas (g) ou quilogramas (Kg). As observações aqui referem-se à balanças digitais. Precisa ser observado que cada balança possui um peso mínimo e máximo de pesagem, normalmente mostrado perto do visor, como mostra a foto abaixo:

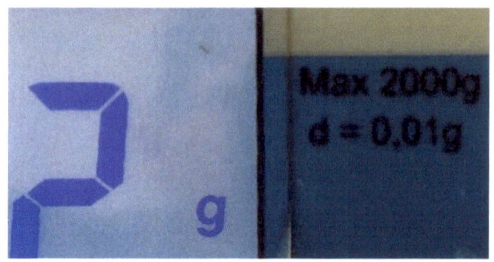

Esta balança no caso pesa em gramas, e possui peso máximo de pesagem de 2000g, ou 2Kg. Se o objetivo for pesar uma quantidade maior, ou utiliza-se uma balança de maior capacidade, que pese em Kg, ou pesa-se várias vezes nessa balança, de forma fracionada.

No mesmo sentido, as balanças que pesam em Kg tem um peso mínimo de pesagem, abaixo do qual a pesagem não é confiável. Algumas balanças assim conseguem pesar no mínimo 40g, sendo que abaixo disso o erro na pesagem é bastante grande.

Então, dependendo das quantidades a serem pesadas, tem que ser avaliado o tipo de balança. O ideal neste caso seria ter 2 balanças, uma que pese em gramas (ideal para pequenas quantidades de condimentos) e outra que pese em Kg, ideal para pesar quantidades maiores dos ingredientes, principalmente de açúcar. E no caso de ter balança à disposição, é possível pesar a quantidade de água necessária, pois 1Kg de água equivale exatamente à 1L.

Para o uso correto da balança, primeiramente deve se certificar que ela esteja exatamente na horizontal e bem apoiada nos 4 pés, para não balançar e não indicar pesos errados. Se a balança tiver o marcador de nível, é possível deixar ela totalmente na horizontal, através da regulagem da altura de cada pé. A foto abaixo mostra uma balança que não está na horizontal, pois o marcador de nível está fora do centro.

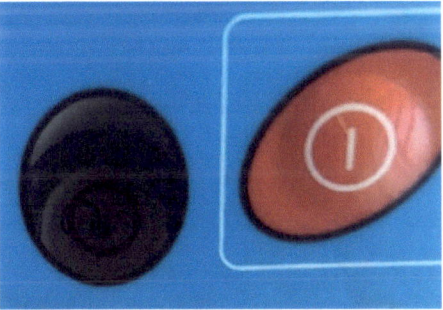

Neste caso, ajusta-se a regulagem nos pés da balança até o marcador de nível ficar bem centrado, como mostra a foto abaixo:

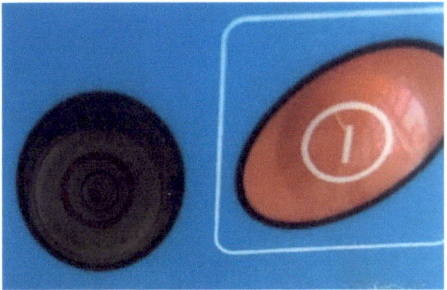

Feito isso, a balança pode ser ligada e se proceder a pesagem. O exemplo a seguir mostra uma balança que pesa em gramas, mas para balanças que pesam em Kg o procedimento é exatamente o mesmo.

Se tudo estiver certo, após ligada, a balança mostrará peso zero, como mostra a foto abaixo:

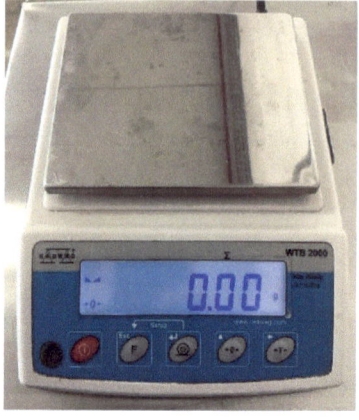

Para fazer a pesagem de qualquer ingrediente, precisa ser descontado a embalagem onde o mesmo será pesado, por isso a balança precisa ser tarada (zerada) com a embalagem vazia. Coloca-se a embalagem na balança e depois se zera, como mostram as duas fotos abaixo:

Neste caso, a foto da esquerda mostra que a embalagem vazia pesa 49,32g. Este peso precisa ser zerado, como mostra a foto da direita. A partir de então, irá se pesar efetivamente o ingrediente, que neste exemplo é o açúcar, como mostra a foto abaixo:

Neste exemplo, o objetivo era pesar 240g de açúcar. Se ali for adicionado água até completar 1L, teremos uma calda com 24% de açúcar, ou ainda mais tecnicamente, uma calda 24°Brix.

Para se certificar se a concentração da calda está correta, faz-se uso do refratômetro (foto abaixo), aparelho que possui modelos analógicos e digitais. Neste exemplo usaremos o refratômetro analógico, pois ainda é o mais utilizado.

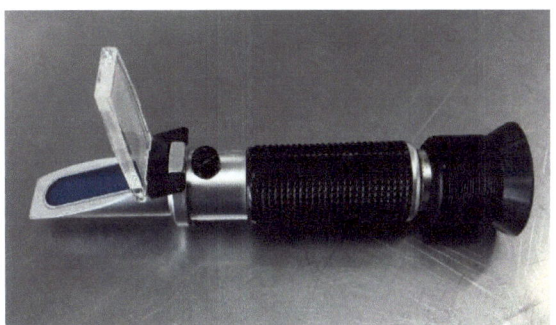

O seu funcionamento é bastante simples. Na parte da frente (chamado prisma) pinga-se algumas gotas da calda cuja concentração de açúcar se deseja medir e fecha-se a tampa. Toma-se o cuidado de não deixar bolhas de ar.

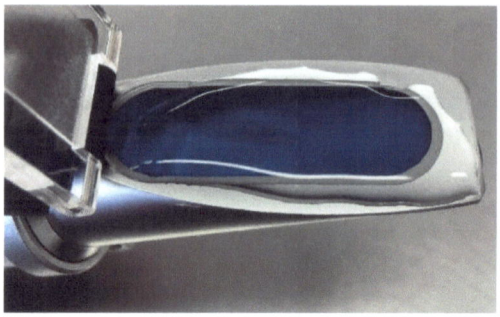

Posteriormente, basta direcionar o refratômetro para uma fonte de luz (sol ou luz artificial) e será possível ver 2 faixas de cores (uma azul e outra branca). Bem no encontro das duas faixas, é mostrado o °Brix (% de açúcar) na escala, como mostra a foto abaixo:

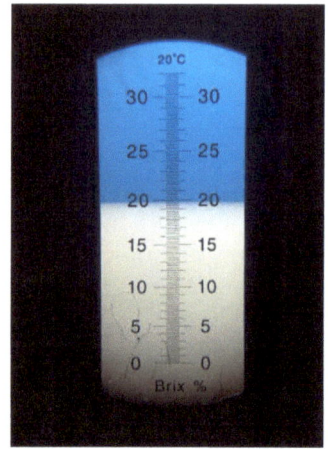

Neste exemplo, o refratômetro mostra uma calda com 20°Brix, ou seja, 20% de açúcar.

Atenção: a medida do °Brix deve ser realizada após a completa dissolução do açúcar. Caso o valor não seja exatamente o que foi previsto, basta corrigir o °Brix, adicionando pequenas quantidades de água ou açúcar, conforme for o caso.

O texto a seguir, que é o restante do preparo de caldas, é um pouco mais técnico, que poderá ser útil para uma produção comercial ou se o objetivo é ter um processo altamente padronizado. Se você não entender essa parte do texto, não se preocupe, isso não é um problema.

Uma calda é basicamente uma solução de açúcar, onde a sacarose é o mais empregado. A sua concentração é comumente medida em °Brix, porque acaba sendo mais prático, e também porque é possível saber a concentração da calda mesmo após a dissolução do açúcar.

Em termos simples, o °Brix é a porcentagem de sólidos solúveis totais (SST) que estão dissolvidos em determinada solução aquosa, sendo que esta porcentagem é dada em massa/massa, ou seja, gramas de SST por 100g de solução. Ex. uma solução de açúcar 1°Brix possui 1g deste açúcar em 100g da solução.

Para frutas em calda, a maioria das formulações possui de 20 a 40°Brix, mas claro que podem haver produtos com concentrações diferentes. O figo em calda, por exemplo, pode ter uma calda > 50°Brix.

O preparo da calda é um processo relativamente simples. Necessita-se de uma balança para pesar o açúcar e recipientes para medir o volume da água. É interessante ainda possuir um refratômetro, para ajustar o °Brix final após a dissolução do açúcar, se for o caso. Na prática medir o Brix final isso é importante porque nesta preparação da calda podem ter 3 fontes de erro: balança não tem exatidão necessária, medida do volume pode não ser exata, dependendo do recipiente, e o açúcar pode estar úmido, o que prejudica a exatidão da sua pesagem (está se pesando água junto).

Por exemplo, na preparação de uma calda de concentração 24°Brix, é comum o °Brix final apresentar variações de até 2 unidades para cima ou para baixo (22 a 26°Brix), devido às fontes de erro mostradas acima. Neste caso, pela leitura do °Brix, faz-se o ajuste (adicionando açúcar ou água, dependendo de qual for o caso). Em outras palavras, o uso do refratômetro permite a preparação de caldas exatamente com a concentração desejada.

A temperatura influencia no valor do °Brix, apesar de esta influência ser pequena. A leitura é padronizada para 20°C. Se a temperatura da calda for diferente, utiliza-se uma tabela de conversão. Para cada 1°C, a variação é de 0,08°Brix (abaixo de 20°C subtrai-se da leitura, e acima de 20°C adiciona-se à leitura). Na prática, essa conversão é necessária apenas quando a temperatura estiver bem acima ou abaixo de 20°C.

Exemplo: calda medida a 32°C deu 28°Brix. Precisa-se adicionar 1°Brix (0,08 x 12), ou seja, o °Brix real é 29°Brix.

Este exemplo mostra que é necessária uma diferença de 12°C para mudar o °Brix em 1 unidade, ou seja, para caldas que estejam na temperatura ambiente na prática não se faz a correção da leitura do °Brix, a menos que a produção requer um alto grau de padronização como, por exemplo, em uma grande indústria de alimentos.

Para o cálculo de preparo da calda, utiliza-se a seguinte fórmula:

$$°\text{Brix desejado} = \frac{(\text{massa açúcar} \times 100)}{(\text{massa açúcar} + \text{massa água})}$$

Observações: como a densidade da água é 1, tanto faz trabalhar com volume (mL ou L) ou massa (g ou Kg). Mas atenção, quando o açúcar é medido e gramas, a água também precisa ser medida em g ou mL (não em L ou Kg), enquanto que quando o açúcar é medido em Kg, a água precisa ser medida em L ou Kg.

Nesta fórmula, existem 3 variáveis (°Brix, massa açúcar e massa água) e no cálculo 2 variáveis são informadas e a 3ª será a calculada. Ou seja, quando se sabe o °Brix desejado e a quantidade de açúcar a ser usado, pode-se calcular a quantidade de água necessária no preparo dessa calda.

Exemplo: possui-se 5Kg de açúcar, e deseja-se preparar uma calda com 22°Brix. Qual a quantidade de água a ser usada?

$$22°\text{Brix} = \frac{(5\text{Kg} \times 100)}{(5\text{Kg} + \text{massa água})}$$

Resposta: 17,72L ou 17,72Kg*

* Como a densidade da água é 1, tanto faz usar L ou Kg.

Neste exemplo, a massa total da calda será de 22,72Kg (5 + 17,72) e não 22,72L, pois o açúcar possui densidade maior que da água (1,57g/mL). Fazendo o cálculo (só pra ilustrar), essa calda teria o volume de 20,9L.

Entretanto, esta fórmula acima não serve quando se deseja calcular simultaneamente a quantidade de água e açúcar. Na prática, isso ocorre quando se sabe o °Brix da calda e a quantidade total da calda que se necessita.

Considere o seguinte exemplo: necessita-se de 45Kg de calda de concentração 28°Brix. Quais são as quantidades de açúcar e de água necessários?

Note que neste caso precisamos calcular 2 variáveis ao mesmo tempo, por isso a fórmula acima não é útil. O mais prático neste caso aqui é fazer o cálculo através de regra de 3, como mostrado abaixo:

Raciocínio: 45Kg é total, será o 100%, enquanto que o açúcar será na proporção de 28%.

45Kg ———— 100%

X ———— 28%

X = 12,6Kg de açúcar

Para calcular a quantidade de água, basta subtrair:

45 - 12,6 = **32,4Kg (ou L) de água**

Então, dissolvendo 12,6Kg de açúcar em 32,4L de água, teremos 45Kg de calda de concentração 28°Brix. Após a dissolução, recomenda-se a leitura do °Brix. Se não estiver exatamente em 28, fazer o ajuste, adicionando pequenas qualidades de água ou açúcar, conforme o caso, e ir medindo o °Brix, até estabilizar em 28.

Ainda, para preparar a calda é necessário saber de antemão a quantidade que será necessária. Esta quantidade pode ser estimada em L ou em Kg, cada qual apresentando suas vantagens. Prever a quantidade em Kg normalmente é a opção mais prática, pois facilita o cálculo no preparo da calda, pois lembre-se que o °Brix considera a proporção massa/massa, e não massa/volume.

Para estimar a quantidade de calda, prepara-se uma pequena quantidade dela no °Brix desejado, o suficiente para preencher 3 embalagens. Na sequencia, preenchem-se as 3 embalagens com o produto, e em seguida coloca-se a calda nas embalagens, até a altura requerida. Em seguida coleta-se a calda das 3 embalagens e faz-se a pesagem, dividindo o valor por 3. Daí tem-se a quantidade de calda (em g ou Kg) necessária para cada embalagem. Por fim, basta multiplicar essa quantidade pelo nº de embalagens. É comum trabalhar com um pequeno excesso (margem de segurança), em torno de 5%, para não faltar líquido de cobertura no final, pois no enchimento podem ocorrer pequenas perdas durante o enchimento, etc.

Exemplo: Numa produção de 800 vidros de pêssego em calda, constatou-se que no teste de 3 embalagens, foram gastos 930g de calda. Qual a quantidade de calda a preparar, já considerando um excesso de 5%?

Resolução: Se para 3 embalagens necessita-se 930g de calda, então em média cada embalagem necessita de 310g de calda (930/3). Como são 800 embalagens, então 310 x 800 = 248.000g, ou seja, 248Kg de calda. Calculando um excesso de 5% (248 + 5%), é preciso preparar 260,4Kg de calda. A parir dessa informação, basta calcular as quantidades de água e açúcar (já demonstrado como se faz) e proceder a diluição, aferindo o °Brix no final.

No preparo de caldas mais concentradas (geralmente > 30°Brix), é comum um leve aquecimento da água, que facilita enormemente a dissolução do açúcar, além de eliminar possíveis resíduos de SO_2 (usado no processo de branqueamento do açúcar).

Padronização do °Brix no produto final

O °Brix final da calda no produto após a estabilização será diferente do °Brix da calda adicionada. Isso ocorre porque ai ocorrer um equilíbrio entre a concentração de açúcar presente na fruta e a concentração de açúcar da calda adicionada. Geralmente o °Brix da fruta é menor em relação à calda a ser adicionada, então por uma diferença de pressão osmótica, uma parte do açúcar da calda irá penetrar na fruta, enquanto que esta irá perder um pouco de água para a calda. No final do equilíbrio o °Brix da calda será menor em comparação ao °Brix da calda que foi adicionada.

Como na prática o °Brix das frutas sempre muda, conforme o grau de maturação, variedade, etc, a cada lote produzido, é necessário ajustar o °Brix da calda a ser preparada, para que o produto final tenha sempre o mesmo °Brix, independentemente da quantidade de açúcar que a fruta contenha inicialmente.

Então, para calcular a concentração da calda a ser preparada, uma série de variáveis precisam ser levados em consideração, conforme a fórmula abaixo:

$$CI = \frac{(PL \times BE) - (PF \times BF)}{PC}$$

Em que:

CI: concentração da calda a ser preparada, em °Brix;

PL: Peso líquido de enchimento (calda + fruta) em gramas;

BE: Concentração da calda desejada no equilíbrio, em °Brix;

PF: Peso de enchimento com fruta, em gramas;

BF: Teor de sólidos solúveis da fruta in natura, em °Brix;

PC: Peso da calda a ser adicionada, em gramas.

4 PREPARO DE SALMOURAS

O preparo de salmouras tem diversas semelhanças com o preparo de caldas, mas o processo tem suas particularidades. A composição básica é água, vinagre e sal, sendo que vários outros ingredientes opcionais podem ser usados, como açúcar e condimentos (temperos).

Como preparar a salmoura sem balança?

Neste caso, a balança, é usada basicamente para pesar o sal e o açúcar (se adicionado). Não tendo balança disponível, você pode usar um copo de medidas caseiras para adicionar a quantidade calculada de sal e açúcar na salmoura, ou então colocar uma colher de chá de sal diretamente em cada embalagem.

Uma colher chá de sal contém em torno de 6g, o que dará uma concentração aproximada de 2,4% de sal na salmoura, que fica dentro da quantidade normalmente utilizada. A foto baixo mostra uma colher de chá contento 6g de sal.

Vinagre

O vinagre usado geralmente é o vinagre de álcool, que normalmente é encontrado em 2 concentrações de ácido acético: simples concentração (4%) e dupla concentração (8%). O vinagre à venda ao consumidor em supermercados e afins normalmente é o de concentração simples, enquanto que o vinagre comercializado diretamente para as indústrias de alimentos é o de dupla concentração, que tem a vantagem de usar a metade do volume. Este comumente é comercializado em bombonas de 200 a 300L.

A quantidade de vinagre em salmouras pode variar amplamente, numa faixa que normalmente vai de 20 a 40% (quando se trata do vinagre de simples concentração). quando for considerado o vinagre de dupla concentração, esta % varia de 10 a 20%, sendo que a concentração final do vinagre na salmoura será a mesma.

A soma do vinagre e da água sempre será 100%. Isso significa que uma formulação de salmoura com 25% de vinagre, usará 75% de água. O sal e eventuais outros ingredientes não entram no cálculo do 100% porque sua proporção é pequena, e praticamente não altera o volume final, coisa que não ocorre no preparo de caldas, porque naquele caso a quantidade de açúcar é bem maior.

Sal

O uso do sal (NaCl) na produção e conservação de alimentos também vem desde a antiguidade. Em hortaliças em conserva o objetivo de seu uso basicamente é dar sabor característico ao produto, mas também auxilia na sua conservação, uma vez que o sal aumenta a pressão osmótica do meio, reduzindo assim a atividade de água (Aw). Nas salmouras a concentração de sal gira em torno de 2,5% a 3%, ou seja, de 25g a 30g de sal por litro de salmoura.

Açúcar

No preparo de salmouras utiliza-se basicamente a sacarose, por uma questão de menor custo e também praticidade. Utiliza-se o açúcar cristal, não o açúcar refinado.

O uso de açúcar em salmouras é opcional, mas sua presença

influencia positivamente o sabor, pois quebra um pouco a acidez do produto. A quantidade a ser adicionada pode chegar até 6% (60g/L), apesar de que não há um limite legal. Mas obviamente concentrações mais altas de açúcar irão inevitavelmente descaracterizar o sabor do produto.

Uma regra que pode ser seguida e resulta em um bom equilíbrio de sabor é usar o dobro da concentração de açúcar em relação à quantidade de sal. Por exemplo, se a salmoura for preparada com 2,5% de sal (25g/L), utiliza-se nessa regra 5% de açúcar (50g/L).

Outros condimentos

Comumente outros condimentos (temperos) são adicionados às hortaliças em conserva. Como seria de se esperar, o principal objetivo de sua adição é dar um sabor característico (e muitas vezes diferenciado ao produto). Os mais comuns são: pimenta em grão (tanto preta quanto branca), grãos de mostarda, coentro, lascas ou rodelas de cebola, alho, endro, etc.

Cálculo de formulações de salmoura

O cálculo das quantidades dos ingredientes para a preparação de salmouras é algo relativamente simples. Porém, apesar de simples, tem que se ter o cuidado para não cometer erros no cálculo, uma vez que isso poderá alterar significativamente o sabor do produto podendo, em casos mais extremos, levar ao descarte do produto.

Formulação básica de salmoura:

Vinagre*: 30%

Água: 70%

Sal: 30g/L

Formulação de salmoura (suave)

Vinagre*: 25%

Água: 75%

Açúcar: 50g/L

Grãos de mostarda

* Vinagre de simples concentração (acidez aprox. 4%).

Atenção: a soma das porcentagens de vinagre e água sempre será 100%. Os demais ingredientes (como sal, açúcar, etc.) são calculados em cima do volume total da salmoura (água + vinagre). Em outras palavras, sal, açúcar, etc., não entram na contagem dos 100%.

Exercício resolvido: Calcule a quantidade de cada ingrediente para 30 litros de salmoura de uma formulação com 25% de vinagre, 27g/L de sal e 50g/L de açúcar.

Vinagre:

30L----------100%

X-------------25%

X = **7,5 L**

Água:

30L - 7,5L = **22,5L**

Sal

1L-----------27g

30L---------X

X = **810g**

Açúcar:

1L-----------50g

30L---------X

X = **1.500g ou 1,5Kg**

Quantidade de salmoura a ser preparada

Antes do preparo da salmoura, é preciso fazer uma previsão da quantidade que será utilizada, tendo como base o número de embalagens/tamanho que será produzido. A quantidade de líquido de cobertura que vai em cada embalagem varia conforme o tipo e tamanho/forma da matéria-prima. Por exemplo, na fabricação de pepino em conserva, o tamanho e a forma dos pepinos irá influenciar a quantidade de líquido de cobertura que a embalagem irá comportar.

Por isso o melhor a fazer é preencher no mínimo 3 embalagens com água (como se fosse a salmoura) e depois medir o volume, fazendo uma média de quantos mL de líquido de cobertura irá em cada embalagem. Para não faltar no final, calcula-se um adicional de 5%.

Exemplo: na fabricação de pepino em conserva, constatou-se que em 3 vidros já contendo o produto, o volume de água foi de 900mL. Isso significa que cada vidro precisa de 300mL de salmoura. Calculando 5% de excesso, faria-se a projeção de 315mL para cada embalagem. Se fossem 200 embalagens, o volume de salmoura a ser preparado seria de 63.000mL, ou seja, 63 litros.

Atenção: como já frisado anteriormente, na adição do líquido de cobertura, seja ele calda ou salmoura, não encher até o limite da embalagem. É preciso deixar um espaço livre, em torno de 1,5 a 2cm. A foto abaixo mostra o nível ideal para o líquido de cobertura (flecha vermelha).

5 FECHAMENTO DA EMBALAGEM

O fechamento da embalagem é um procedimento simples, bastam alguns cuidados. Com relação à qualidade da tampa, o assunto será discutido em detalhes no próximo item.

A tampa é colocada e apertada manualmente, com uma mão segurando a embalagem e a outra mão segurando a tampa. Ela precisa ser colocada firmemente, mas não pode ser aplicada muita força, pois neste caso as garras da tampa irão entortar, a rosca irá "espanar" e a tampa perderá a capacidade de fazer uma vedação perfeita, tendo que ser descartada.

Saber avaliar a força correta a ser aplicada no fechamento requer certa experiência, mas não tem segredo. É preciso aplicar força até a tampa parar de girar, com o cuidado de não aplicar força demais e assim danificar a tampa. É recomendável que para quem não tem experiência alguma com este procedimento, que treine um pouco este procedimento antes de fazer o fechamento de fato das embalagens que contém o produto, mesmo que para isso algumas tampas sejam inutilizadas.

A conservação do produto depois de pronto depende muito do correto e perfeito fechamento da tampa. Se por algum motivo a tampa não vedar perfeitamente a embalagem, a chance do produto deteriorar depois é enorme.

Depois das embalagens fechadas, elas estão prontas para ir para o tratamento térmico (esterilização do produto), como mostram as fotos abaixo:

6 REUTILIZAÇÃO DE EMBALAGENS

A reutilização das embalagens de vidro pode ser feita sem problema, desde que alguns cuidados básicos sejam observados. Sobre reutilização das tampas, o assunto será discutido em seguida.

Na indústria de alimentos a reutilização de embalagens de vidro é feita apenas em alguns casos. Pois a reutilização envolve toda uma logística de retorno e lavagem/remoção do rótulo das mesmas, então muitas vezes não compensa, e se dá preferência por embalagens novas.

Com relação à reutilização das embalagens de vidro, o aspecto mais importante que precisa ser considerado, é que, elas terão menor resistência ao choque térmico. Contornando esta questão, ela poderá ser reutilizada inúmeras vezes.

As embalagens de vidro para conservas que serão submetidas à aquecimento, são fabricadas para resistir à um choque térmico de até 70°C. Isso significa que uma embalagem que está à 20°C, quando colocada em panela ou tanque para tratamento térmico a uma temperatura de 90°C, ela não poderá quebrar ou trincar. Após a primeira utilização, as embalagens perdem essa alta resistência ao choque térmico, que então fica menor.

Assim sendo, ao reutilizar as embalagens, tem que se ter o cuidado para não submetê-las à grande choque térmico. A recomendação é que as mesmas sejam colocadas na panela ou tanque para tratamento térmico antes da água atingir 90°C. Exemplo: coloca-se as embalagens com o produto ao iniciar o aquecimento, ou quando a temperatura da água está no máximo a 60ºC, daí o aumento da temperatura do vidro será gradativo e a chance de ocorrer quebra da embalagem será bem menor.

De qualquer forma, se ocorrer de alguma embalagem quebrar, todo o produto deverá ser descartado, pois existe o risco de pequenos fragmentos de vidro permanecerem no produto.

A foto abaixo mostra a quebra de uma embalagem de vidro reutilizada que não resistiu ao choque térmico. Na maioria das vezes ocorre a quebra do fundo. Em todo caso, a tampa pode ser utilizada em outra embalagem, desde limpa e inspecionada com cuidado para se certificar que não há fragmentos de vidro aderidos.

Se as embalagens reutilizadas forem colocadas diretamente na água de tratamento térmico a 90ºC, não são todas as embalagens que irão quebrar, mas uma parte, que pode facilmente chegar a 20%, não irá resistir a um choque térmico tão grande.

Claro que além deste cuidado importante em relação ao choque térmico, embalagens reutilizadas deverão ser limpas e, se for para comercialização, ter o rótulo anterior removido.

Aproveitando o tópico, é possível que embalagens novas também tenham problemas de resistência ao choque térmico, mas neste caso normalmente as causas envolvem qualidade inferir na composição química do vidro, ou não uniformidade na espessura do vidro, ou seja, espessura da embalagem irregular. Se houver este tipo de problema, entre em contato com o fabricante e, se possível, meça com um paquímetro possíveis diferenças na espessura em diferentes lugares da embalagem.

Existe um mito que diz que é possível reconhecer um vidro novo de um vidro que já foi usado pelo menos uma vez, por uma diferença na coloração do vidro, sendo que o vidro novo seria mais escuro e o usado mais claro. Entretanto, isso não é verdade, não é possível distinguir visualmente vidros novos de usados. A diferença na coloração, se deve à diferença na composição química do vidro e, às vezes, é possível perceber pequenas diferenças na tonalidade da cor de acordo com o fabricante da embalagem, como mostra a foto abaixo:

Nesta foto, ambas as embalagens são novas, apesar de que o vidro da direita possui tonalidade mais clara. Quando não se tem certeza se o vidro é novo, evita-se o choque térmico, é o melhor procedimento.

7 TAMPA

As conservas vegetais produzidas em pequena escala ou de forma artesanal basicamente utilizam embalagens de vidro com tampa metálica de rosca. Isso porque permite que todo o processo possa ser feito de forma manual, o que não ocorre, por exemplo, com embalagens metálicas, que necessitam de recravadeiras para fazer o fechamento da tampa.

As embalagens de tamanho normal (600mL de capacidade) utilizam tampas de 70mm de diâmetro, que possuem um sistema de 4 garras, para fazer o fechamento, como mostra a foto abaixo:

Internamente, as tampas possuem um anel de borracha que faz a vedação da embalagem. A integridade deste anel é de fundamental importância para o perfeito fechamento da embalagem.

O procedimento padrão sempre recomenda a utilização de tampas novas, mesmo quando a embalagem de vidro for reutilizada. Entretanto, em alguns casos, a reutilização das tampas pode ser feita. Mas isso precisa ser feito de forma criteriosa, não é em todos os casos que uma tampa pode ser reutilizada.

Mas por que não reutilizar as tampas? Após seu primeiro uso, o anel de borracha na parte inferior da tampa sobre aquecimento e compressão, e naturalmente ao longo do tempo esta borracha irá ficar ressecada e poderá apresentar pequenas rachaduras, às vezes difícil de visualizar à olho nu.

Outra coisa que ocorre ao longo do tempo é que, como a tampa é de metal, ela começa gradativamente a oxidar (enferrujar). O processo inicia nas garras, como mostra a foto abaixo:

Nesta foto percebe-se que o anel de borracha ainda está OK mas na região da garra o processo de ferrugem já se iniciou.

Com o tempo, a ferrugem inevitavelmente irá se espalhar pela tampa, podendo adquirir o aspecto mostrado na foto abaixo à esquerda. Na foto à direita, percebe-se o comprometimento do anel de vedação:

Esta tampa com certeza não pode mais ser utilizada, pois está totalmente comprometida pela ferrugem. Não é visível, mas é possível que o anel de vedação também já possa estar comprometido. Então, melhor tampa nova.

Outra coisa que pode ocorrer é que a tampa não tem grandes sinais de ferrugem, o anel de vedação está OK, mas na parte inferior há sinais de que a camada de verniz (pintura plástica) que protege o metal está com fissuras (ranhuras), que podem ter sido feitas com uma faca ou outro objeto cortante por algum consumidor, como mostra a foto abaixo:

Esta tampa, devido aos pequenos sinais de ferrugem na parte interna, precisa ser descartada. Se for reutilizada, a acidez do produto irá acelerar o processo de ferrugem e o produto irá ficar com gosto metálico, ter a cor alterada e, em casos mais avançados, a ferrugem pode romper a tampa, deteriorando o produto imediatamente.

Reutilização das tampas

Se o objetivo do produto for a sua comercialização, seja de forma informal ou via empresa/agroindústria legalmente estabelecida, a recomendação é sempre utilizar tampas novas, considerando o tempo de conservação do produto, em que a tampa precisa resistir sem sofrer qualquer avaria.

Entretanto, para consumo próprio, em alguns casos as tampas

podem sim ser reutilizadas, sem qualquer risco à conservação do produto. Mesmo assim, não são todas as tampas que podem ser reaproveitadas.

Caso a tampa venha de um produto que já foi fabricado a vários meses, é possível que o anel de vedação já esteja um pouco ressecado e a tampa apresente alguns sinais de ferrugem. Neste caso, não se recomenda a reutilização.

Caso a tampa venha de um produto que foi fabricado a pouco tempo (até 3 meses) e ao inspecionar a tampa, percebe-se que ela está em ótimo estado, com o anel de vedação íntegro e sem sinais de ferrugem, a tampa pode ser usada sem problemas. Na inspeção, verifica-se também o estado das garras na parte inferior da tampa, se elas ainda estão boas. Na dúvida, testa-se em uma embalagem. Se o fechamento perfeito não ocorrer, ou se sentir que a rosca está espanada, descarta-se esta tampa.

Na dúvida, é sempre melhor usar uma tampa nova (que tem baixo custo) do que correr o risco de perder o produto. O problema é mais sério quando o produto for para fins de comercialização, pois para o cliente/consumidor do produto, passará a impressão que o processo de produção é falho, que o produto não tem qualidade. Então, na dúvida, não arriscar colocar tampas que estejam em estado regular.

8 TRATAMENTO TÉRMICO

Esta etapa do processamento é uma das mais críticas, pois é onde ocorrem a maior parte das falhas, que acabam ocasionando a posterior deterioração do produto. Mas afinal, qual o objetivo do tratamento térmico?

O principal objetivo do tratamento térmico é esterilizar o produto, ou seja, matar os micro-organismos (fungos e bactérias) que se não eliminados, irão se multiplicar e deteriorar (estragar) o produto final.

Aliado a isso, o tratamento térmico também contribui para o amolecimento dos tecidos vegetais e a inativação de enzimas. As enzimas podem causar o escurecimento do produto, da mesma forma como ocorre quando se corta uma maçã.

No procedimento padrão, o tratamento térmico de frutas e hortaliças em conservas em embalagens de vidro é feito colocando-se as embalagens em panelas ou tanques (conforme o volume de produção) em água em torno de 90°C.

Na produção artesanal, às vezes observa-se que este procedimento não é realizado dessa maneira. O que se faz é adicionar o líquido de cobertura (calda ou salmoura) quente e em seguida fechar a embalagem e o produto está pronto. Este procedimento não é recomendado, porque muitas vezes o calor do líquido de cobertura não é suficiente para matar todos os micro-organismos contidos no produto. Neste caso, o produto estraga alguns dias após a produção.

A indústria de alimentos obviamente não faz este procedimento.

Como já dito no início deste tópico, é no tratamento térmico que podem ocorrer a maior quantidade de falhas que levem à deterioração do produto final. Agora, vamos analisar quais são os principais cuidados necessários:

Embalagens em pé

Em primeiro lugar, as embalagens são colocadas em pé dentro da panela ou tanque para o tratamento térmico. Não é deitado nem de ponta-cabeça. Não se sabe ao certo a origem desse mito, mas ainda se observa em produções artesanais que as embalagens são colocadas de ponta-cabeça dentro da água pra fazer o tratamento térmico. Simplesmente não há razão pra fazer isso, tanto que o procedimento não é realizado pela indústria de alimentos.

Nível da água

Em segundo lugar, a água do tanque ou panela precisa cobrir totalmente as embalagens, incluindo a tampa. Se o nível da água ficar abaixo da tampa, a parte superior da embalagem não atingirá a temperatura necessária, e é possível que alguns micro-organismos possam sobreviver à este processo. Depois, eles irão se multiplicar e estragar o produto final.

A foto abaixo mostra este procedimento feito de forma incorreta, com parte da embalagem ficando de fora da água e, consequentemente, aquecendo menos.

Essa falha muitas vezes ocorre porque não se dispõe de panela grande o suficiente para que a água possa cobrir toda a embalagem. Nesse sentido, o uso de panelas pequenas na altura, abaixo de 20cm, não são recomendadas.

Na foto abaixo, mostra-se o procedimento padrão, com o nível da água ultrapassando em alguns centímetros a altura da tampa.

Temperatura

É um dos aspectos mais importantes do tratamento térmico. Para a correta conservação deste tipo de produto (frutas e hortaliças em conserva) é necessário que a temperatura no interior da embalagem (no meio) atinja no mínimo 85°C.

Temperaturas abaixo do mínimo recomendado, podem não ser suficientes para matar todos os micro-organismos (fungos e bactérias) e isso inevitavelmente causará a deterioração do produto final, normalmente alguns dias após a sua produção.

Temperaturas acima do indicado também poderão causar problemas. Os mais comuns envolvem o risco de algumas embalagens quebrarem e falha na vedação da tampa, causado pela ebulição (fervura) da água, pois isso causa um aumento de pressão no interior da embalagem.

Qual temperatura usar

Para produção artesanal ou produção comercial em pequena

escala, recomenda-se usar a temperatura de 90°C, pois é uma temperatura que está acima da mínima (que é 85°C) e está abaixo do ponto de ebulição da água. Então, 90°C é a temperatura indicada para este tipo de produto e utilizando embalagens de vidro.

Controle da temperatura sem termômetro

O recomendado é usar um termômetro para fins de controle da temperatura, conforme será mostrado abaixo. Mas se não houver esta possibilidade, uma dica é cuidar as bolhas de ar formadas na água de esterilização. Quando a temperatura atinge cerca de 85-90°C, formam-se bolhas de ar, mais visíveis em cima da tampa, como mostram as fotos abaixo:

Note que o termômetro marca 88,2°C. Sem termômetro, é só manter esta faixa de temperatura pelo tempo necessário. Na foto abaixo, é possível ver as bolhas em mais detalhes:

Tipos de termômetro recomendados

Recomenda-se utilizar um termômetro digital ou então analógico com coluna de álcool etílico (cor vermelha), desde que tenha uma proteção de plástico ao redor, para evitar a quebra do mesmo, visto que é de vidro.

Não se recomenda o uso de termômetro de mercúrio (coluna na cor cinza), visto que este tipo de termômetro não tem proteção e, se quebrar, irá liberar o mercúrio, que é um metal tóxico. Na foto abaixo são mostrados estes 3 tipos de termômetro.

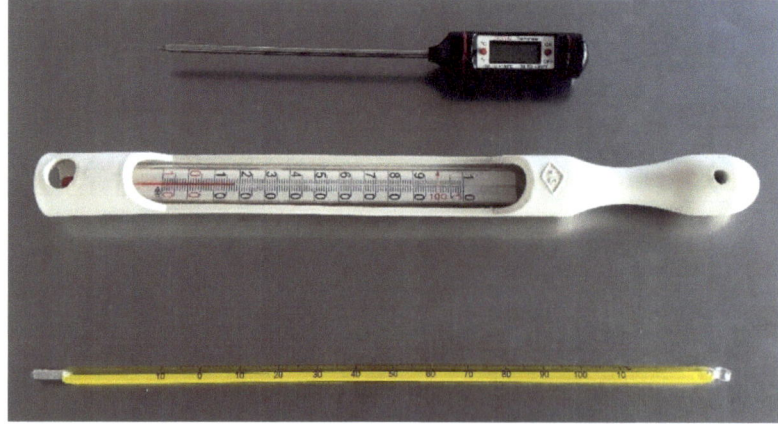

Por uma questão de praticidade de uso e leitura da temperatura, recomenda-se o termômetro digital.

Tempo do tratamento térmico

O tempo de tratamento térmico depende de vários fatores, como temperatura empregada, tamanho e material da embalagem, tipo de produto, etc.

Quando o tempo do tratamento térmico for menor que o mínimo requerido, é possível que algumas embalagens venham a se deteriorar durante o armazenamento, porque nem todos os micro-organismos foram destruídos pelo calor. Isso pode ocorrer mesmo se a temperatura estiver adequada.

Quando o tempo do tratamento térmico for maior que o recomendado, o produto final não terá problemas de deterioração microbiológica, mas poderá ocorrer um amolecimento excessivo dos tecidos vegetais, tornando o produto final com uma textura mole demais, o que obviamente significa um produto de qualidade inferior.

Tempo para hortaliças em conserva

Para embalagens de 600mL de capacidade o tempo do tratamento térmico é de 10 minutos, a 90°C. Para embalagens maiores (3 a 4L de capacidade) o tempo necessário é de 20 minutos, também a 90°C.

Tempo para frutas em conserva

Para embalagens de 600mL de capacidade o tempo do tratamento térmico é de 15 minutos, a 90°C. Para embalagens maiores (3 a 4L de capacidade) o tempo necessário é de 30 minutos, também a 90°C.

Importante: o tempo do tratamento térmico só começa a contar quando a temperatura atingir os 90°C.

Relembrando: Para embalagens novas, o produto pode ser

colocado diretamente na água à 90°C, pois elas tem resistência para suportar este choque térmico. Já para as embalagens reutilizadas, colocar as mesmas na água de esterilização ao começar o aquecimento, ou quando a temperatura estiver no máximo a 60°C.

No caso do pepino em conserva, é interessante perceber que há uma clara mudança na coloração na cor do produto, que passa de verde "vivo" para uma tonalidade de verde "musgo", como mostra a foto abaixo:

Particularidade 1

De forma geral, praticamente todas as frutas empregadas na fabricação de fruta em calda são ácidas, o que garante uma excelente conservação ao produto.

Entretanto, em alguns casos, como no caso da abóbora, a acidez da fruta é menor (pH maior), fazendo com que o tratamento térmico aplicado (90°C/10min) é insuficiente para garantir a esterilidade do produto. Neste caso, é provável que várias embalagens sofram deterioração, como pode ser visto na foto abaixo:

Nesta embalagem, a turbidez da calda não deixa dúvida que o produto está alterado. A alteração na cor do líquido de cobertura, com perda da transparência, é o sinal mais claro de alterações em conservas vegetais. Além dessa alteração visível, ocorre também alterações no aroma e no sabor dos produtos.

Para frutas em calda que utilizam frutas de baixa acidez, como no caso da abóbora, existem 2 soluções simples para evitar este problema: 1) aumentar a temperatura do tratamento térmico para próximo de 100°C (95-97°C) e aumentar o tempo para 30 minutos. Entretanto, mesmo assim este procedimento não garante 100% de segurança de que o produto não irá deteriorar. 2) adicionar na calda 1% (10g/L) de ácido cítrico à calda. Isso irá baixar o pH e não haverá mais problema de deterioração. É o método mais garantido para contornar este problema. A foto abaixo mostra uma embalagem de abóbora em conserva produzida com adição de ácido cítrico, e está evidente que o produto não sofreu alteração.

O ácido cítrico é ácido orgânico natural comercializado na forma sólida, com aspecto cristalino branco, parecido com sal. Na natureza, é o ácido presente em maior proporção nas frutas cítricas.

Particularidade 2

Outra particularidade importante refere-se ao palmito em conserva. Este produto tradicionalmente não tem adição de vinagre na salmoura, o que deixa o produto final com um pH maior que 4,5, ou seja, é um produto de baixa acidez. Assim, ele necessita de um tratamento térmico intenso e muito bem controlado, pois neste caso específico, se o tratamento térmico não for bem feito, existe o risco da presença de esporos da bactéria *Clostridium botulinum*, que no produto final irão germinar e a bactéria irá se multiplicar, produzindo a toxina botulínica que, se ingerida com o alimento contaminado, pode até levar à morte. Então, a produção de palmito em conserva exige um conhecimento técnico maior e um processo muito bem controlado, para que o produto seja seguro. No Brasil, o consumo de palmito em conserva feito de forma artesanal e sem controle, é a maior causa de intoxicação pela toxina botulínica. Se você deseja produzir este produto, a recomendação é estudar o assunto mais detalhadamente, em especial como proceder de forma adequada com o tratamento térmico.

Recipientes utilizados na esterilização

Na produção artesanal e em pequena escala, normalmente se utilizam panelas de tamanhos variados e gás de cozinha como fonte de calor, podendo o fogão ser industrial ou doméstico. Em agroindústrias de médio porte, normalmente já se utiliza um tanque de aço inox e uma caldeira de vapor como fonte de calor, por uma questão de custo. A foto abaixo mostra uma panela de tamanho médio, utilizada para produção artesanal, onde cabem 15 embalagens.

No decorrer do tratamento térmico, será possível observar que saem algumas bolhas de ar debaixo da tampa dos vidros. Este fenômeno é normal e é ar que sai de dentro da embalagem, devido ao aumento da pressão interna. Isso não significa que a tampa está mal fechada, trata-se de algo previsto. Na foto abaixo é possível ver algumas destas bolhas (bolhas maiores).

Quando a temperatura atinge os 90ºC, baixa-se o fogo ao máximo e deixa-se a panela sem tampa. Normalmente este procedimento, aliado com um pouco de experiência, permite manter a temperatura em 90ºC. Ela pode até subir alguns ºC, mas não é recomendado que ela baixe de 90ºC durante o tratamento térmico. O ideal é que não haja flutuações de temperatura.

Decorrido o tempo do tratamento térmico, as embalagens são retiradas da panela/tanque e vão para o resfriamento. A industria de alimentos nesse ponto realiza o resfriamento, colocando as embalagens em tanques com água em torno de 35 a 40ºC. Assim a temperatura interna das embalagens cai rapidamente, evitando o cozimento e amolecimento excessivo do produto. Por outro lado, também não é recomendável que o resfriamento seja feito com água fria, pois pode haver quebra de algumas embalagens devido ao choque térmico e também porque a parte inferior da tampa irá reter umidade, que já poderá iniciar o processo de ferrugem. Se for feito, recomenda-se que a água de resfriamento seja clorada com 200ppm de cloro residual livre, para evitar risco de recontaminação microbiológica do produto. Essa concentração de cloro equivale a aproximadamente 10mL de água sanitária por litro de água, ou ainda, em torno de 1 colher de sopa por litro de água.

Por outro lado, se a temperatura ambiente estiver abaixo de 30ºC e as embalagens forem postas um pouco afastadas umas das outras, pra acelerar a perda de calor, entende-se que o resfriamento é um processo opcional.

Ainda, o manuseio das embalagens de vidro sempre precisa ser feito com cuidado, pois choques mecânicos poderão ocasionar quebra de lascas de vidro ou mesmo quebra de toda a embalagem. A foto abaixo ilustra bem a importância deste cuidado:

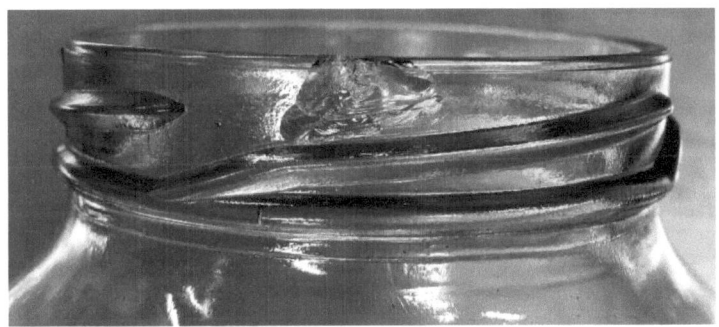

Se ocorrer de fragmentos de vidro como estes oriundos da embalagem da foto acima cair dentro de uma embalagem já contendo o produto, tem-se um problema muito sério, que pode ferir com gravidade a pessoa que for consumir o produto que contém estes fragmentos de vidro. Então, atenção e cuidado sempre.

9 ARMAZENAMENTO DO PRODUTO FINAL

Quarentena

Após a fabricação dos produtos, os mesmos não são imediatamente expedidos para a sua comercialização ou consumo. Por um período de normalmente 14 dias, os produtos ficam armazenados sob quarentena, para confirmar que não haverá alteração de alguma embalagem de produto.

As embalagens que eventualmente apresentarem alteração, serão retiradas do lote e descartadas. O restante vai para o consumo/expedição normalmente, visto que, quando haverá alteração do produto, ela ocorrerá nos primeiros dias após sua fabricação.

Mesmo que os produtos não ficarem em quarentena, eles não podem ser consumidos imediatamente, visto que é necessário esperar um certo período de tempo para que haja um equilíbrio no sabor. Nas frutas em calda, por exemplo, este tempo é necessário para que o açúcar da calda penetre na fruta, assim como nas hortaliças em conserva, este tempo é necessário para que o vinagre e demais condimentos penetrem no vegetal, melhorando significativamente o seu sabor. O prazo para o equilíbrio deste sabor é de no mínimo 7 dias, mas recomenda-se 14 dias, que em ao encontro com o fim do período de quarentena.

Passados estes 14 dias e, estando o produto sem sinais de alteração, ele pode ser consumido, armazenado ou mesmo expedido para comercialização.

Condições para o correto armazenamento

As conservas vegetais, sejam elas de frutas ou de hortaliças, são alimentos microbiologicamente estáveis, ou seja, podem ficar armazenadas à temperatura ambiente durante todo seu prazo de validade (a validade normalmente é de 1 ano, mas cada fabricante define a validade de seus produtos). Entretanto, alguns cuidados são necessários para não ter problema nesta etapa. Basicamente, duas coisas precisam ser observadas com muita atenção:

Temperatura: O armazenamento precisa ser em temperaturas não superiores a 35°C, pois em altas temperaturas os esporos de bactérias termófilas poderão germinar e a forma vegetativa destas bactérias irão se multiplicar, deteriorando o produto.

Observação: esporos de bactérias termófilas não são destruídas no tratamento térmico, pois são altamente resistentes ao calor. Mas isso não é um problema, visto que em temperaturas normais de armazenamento, estes esporos não tem capacidade de germinar, se multiplicar e assim deteriorar o produto.

Entretanto, o ideal é que o produto fique armazenado em temperaturas amenas, bem abaixo de 35°C, pois quanto mais alta esta temperatura, mais rapidamente reações químicas no produto irão gradativamente comprometer sua qualidade sensorial (principalmente cor, sabor e aroma).

Umidade relativa do ar (UR): Se as embalagens ficarem armazenadas em ambientes úmidos (alta UR), a oxidação (ferrugem) da tampa irá ocorrer de forma acelerada, podendo comprometer a vedação da tampa bem antes do fim do prazo de validade.

Proteção contra luz solar: Em função da embalagem ser transparente, ela permite a entrada de luz. E sabe-se que a luz induz e também acelera diversas reações químicas, que neste tipo de produto geralmente provocam alterações na cor e no sabor dos produtos. Além de que a alteração da cor do produto transmite a impressão de um produto de baixa qualidade.

Como já diz na embalagem de diversa marcas: conservar em local seco e arejado.

10 CONSIDERAÇÕES FINAIS

Em resumo, para produzir frutas e hortaliças em conserva de alta qualidade e que sejam produtos que não deterioram depois de produzidos, é preciso ficar atento principalmente à esses pontos:

- Matéria-prima de excelente qualidade;
- Ótimo padrão de higiene e limpeza;
- Calcular corretamente as quantidades dos ingredientes no preparo de caldas e salmouras;
- Correto fechamento da tampa;
- Reutilização da tampa somente em casos específicos;
- Tratamento térmico obedecendo os parâmetros tempo/temperatura;
- Demais cuidados no tratamento térmico que foram explanadas anteriormente;
- Armazenar o produto final de forma correta.

Lembre-se: se você não tem experiência prática na produção de conservas vegetais, é natural que no início você encontre alguma dificuldade ou seus produtos não tenham a qualidade que você gostaria. Faça experiências, comece com algumas embalagens. É importante persistir, testar novas formulações (receitas), aprender com os erros e ir aprimorando o conhecimento e a experiência cada vez mais. Você verá que depois de algum tempo será capaz de produzir conservas de alta qualidade, e sem que nenhuma embalagem sequer estrague na prateleira.

Desejo muito sucesso na produção de suas conservas vegetais!

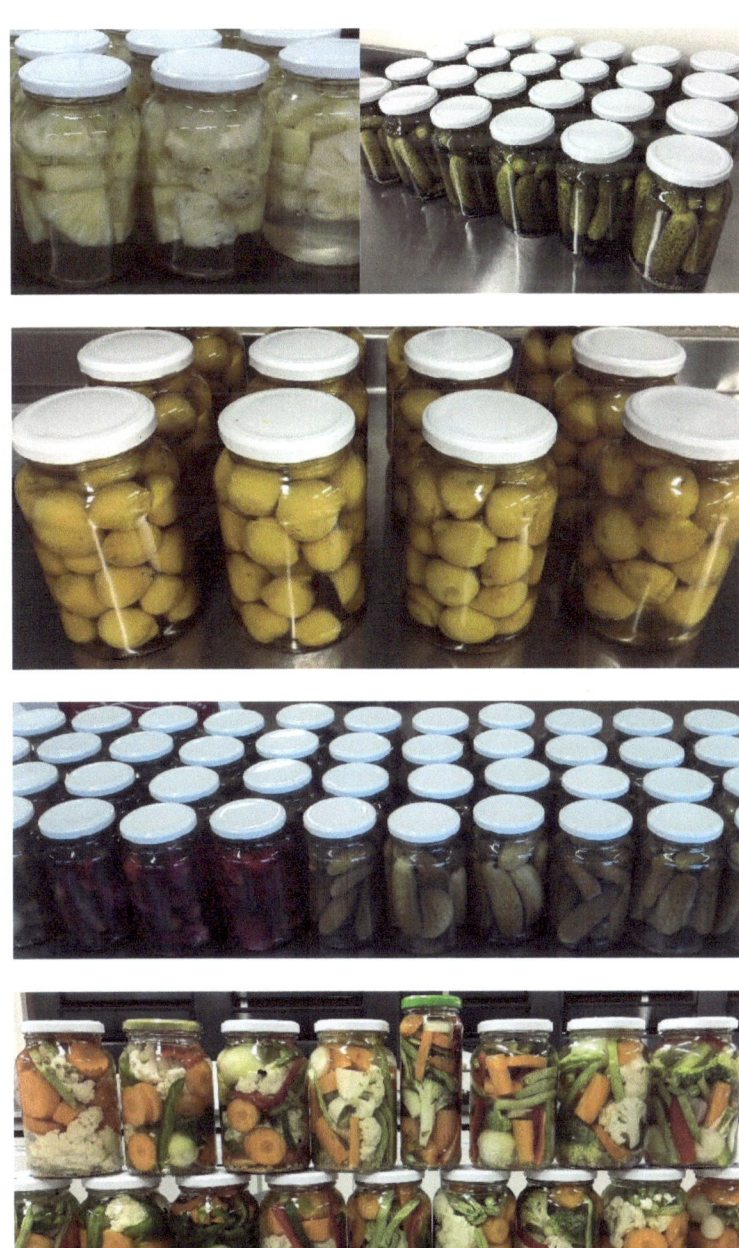

SOBRE O AUTOR

Formado em Química de Alimentos pela Universidade Federal de Pelotas e com Pós Graduação (Mestrado e Doutorado) em Ciência e Tecnologia de Alimentos pela mesma Universidade.

Atua como Docente no Instituto Federal Farroupilha campus Santa Rosa/RS desde 2010, nas seguintes áreas: Ciência e Tecnologia de Alimentos, e Microbiologia.

Após 10 anos ministrando a disciplina de Tecnologia de Frutas e Hortaliças, adquiriu experiência prática na produção de conservas vegetais e de como solucionar os principais problemas.